AF358197

DE

LA RAGE

MOYENS DE L'ÉVITER

PAR M. BOURREL

EX-VÉTÉRINAIRE MILITAIRE, MEMBRE DE LA SOCIÉTÉ PROTECTRICE DES ANIMAUX

DIRIGEANT L'ÉTABLISSEMENT SPÉCIAL POUR LES MALADIES DES CHIENS

RUE FONTAINE-AU-ROI, 7

PARIS

CHEZ L'AUTEUR, 7, RUE FONTAINE-AU-ROI

1867

CARACTÈRES DE LA RAGE

STATISTIQUE

DE L'ANNÉE 1859 A 1866

I

8639 malades ont été reçus dans nos infirmeries, 393 étaient enragés, cela donne 4 enragés et une fraction sur 100 cas de maladie. Malgré le chiffre de 4 cas de rage sur 100 malades, que nous attribuons principalement aux influences de l'agglomération, si cette redoutable maladie n'atteignait que l'espèce canine, il n'y aurait point à craindre pour sa conservation.

Mais cette maladie a la funeste propriété de se transmettre à l'homme par inoculation, et il est du plus haut intérêt d'en préserver la société.

Se garer de la morsure du chien est de toute prudence, de toute justice ; l'assommer sans motifs suffisants, c'est manquer aux sentiments de compassion, aux soins dus à l'animal le plus dévoué à l'homme.

Age et sexe de ces 393 animaux observés dans les premiers mois.

MOIS	1 mois	2 mois	3 mois	4 mois	5 mois	6 mois	7 mois	8 mois	9 mois	10 mois	TOTAUX
Mâles	»	»	2	1	2	4	3	8	1	5	26
Femelles.	»	»	»	»	»	1	1	1	2	»	5
Totaux.	»	»	2	1	2	5	4	9	3	5	31

D'un an et au-dessus.

De 1 à 15 ans	1 au	2 ans	3 ans	4 ans	5 ans	6 ans	7 ans	8 ans	9 ans	10 ans	11 ans	12 ans	13 ans	14 ans	15 ans	TOTAUX
Mâles. .	42	64	53	36	40	32	16	12	6	9	1	4	»	2	1	318
Femelles	3	11	7	8	4	4	3	1	1	»	1	1	»	»	»	44
TOTAUX	45	75	60	44	44	36	19	13	7	9	2	5	»	2	1	362

Depuis la naissance jusqu'à la mort, par vieillesse, le chien peut contracter la rage ; conséquemment pendant toute sa carrière, et surtout à la période adulte, il doit être surveillé quand ses fonctions paraissent troublées.

Relevé par mois, par sexe, par trimestre, des entrées à l'infirmerie pour rage dans la même période.

MOIS	Janvier.	Février.	Mars.	Avril.	Mai.	Juin.	Juillet.	Août.	Septembre.	Octobre.	Novembre.	Décembre.	TOTAUX
Mâles. . . .	31	28	22	31	27	35	30	26	29	36	21	26	344
Femelles . .	5	3	4	1	5	7	2	4	6	3	3	6	49
TOTAUX . . .	36	31	26	32	32	42	32	30	35	41	42	32	393
	1er Trimestre 93			2e Trimestre 106			3e Trimestre 97			4e Trimestre 97			393

Il ressort de ce tableau que contrairement aux idées généralement reçues les chaleurs n'augmentent pas le nombre des cas de rage.

Le printemps de même que les journées relativement chaudes et pluvieuses (en toute saison) sont favorables à l'évolution du virus rabique. Les températures extrêmes, soit du chaud, soit du froid, lui sont plutôt contraires.

Du 1er janvier au 31 décembre on doit exercer la même surveillance et appliquer les mêmes moyens préventifs pour éviter l'inoculation de la rage.

Rapport moyen par sexe.

Mâles, traités dans la période de huit ans 6597
Femelles 2052
Ce rapport est de 3 chiens pour 1 chienne.

Prédispositions selon le sexe à contracter la rage.

Sur 6597 mâles, il y a eu 344 enragés ou $4\frac{6012}{6597}$ pour 100 malades.

Sur 2042 femelles, il y a eu 49 enragés ou $2\frac{816}{2042}$ pour 100 malades.

La chienne est moins de moitié sujette à contracter la rage que le chien.

Classement des 393 cas de rage par races et par sexe.

RACES.	MALES.	FEMELLES	TOTAUX
Métis	102	8	110
Loups dits *Loulous* . . .	76	8	84
Terriers	61	16	77
De Chasse.	47	8	55
Griffons	19	6	25
Épagneuls (petite espèce).	22	2	24
Barbets, Caniches . . .	5	»	5
Terre-Neuve.	5	»	5
Lévriers	3	»	3
Métis Carlin.	1	1	2
Bichons	2	»	2
Danois.	1	»	1
	344	49	393

Si les cas de rages sont dominants dans le rayon de notre clientèle, cela tient à diverses causes inhérentes au milieu où nous exerçons.

Avec plus de qualité dans les races, une hygiène mieux entendue, une surveillance plus active, et moins de vagabondage, le nombre des cas de rage variera dans les divers quartiers de Paris.

La race dite des ratiers et leurs femelles, sont les sujets qui ont été proportionnellement, le plus affectés de rage.

SIGNES RABIQUES

II

Les troubles fonctionnels d'un chien enragé se présentent, selon les prédispositions individuelles, avec des nuances variées.

Témoignages d'affection. — Au début de la rage quelques sujets font des caresses plus vives à leurs maîtres et aux animaux. Ils éprouvent particulièrement le besoin de lécher. D'autres restent sombres, ils s'éloignent de la famille et cherchent l'obscurité.

Vue. — Le regard est rarement naturel, il est ordinairement triste, vague ou brillant, menaçant ; l'axe de l'œil est quelquefois déplacé et s'engage sous la paupière supérieure. Les rayons lumineux l'impressionnent vivement ; les yeux sont parfois injectés de sang.

Ouïe. — Elle est surexcitée par le moindre bruit ou affaiblie pendant la durée des hallucinations.

Odorat. — Le chien enragé flaire le sol avec persistance. Il lèche avec passion les urines sans y être excité par les effluves de la chienne et sans en avoir l'habitude.

Goût. — Son appétit étant perverti, l'animal avale goûlument ses aliments ordinaires, il ingère des corps étrangers qui ne peuvent le nourrir.

État de la peau. — La rage débute assez souvent par des démangeaisous vives à la peau, au nez, aux oreilles, aux pattes. Le chien déchire parfois sa queue ou d'autres parties du corps.

Envie de mordre. — Une des manies des plus fixes *et la seule dangereuse* est l'action de prendre légèrement les doigts des mains, des pieds, de mordiller les chaussures, de ronger, de mordre avec vivacité les tapis, les meubles, le bois, etc., et enfin de mordre les personnes, les animaux, ceux de son espèce surtout qui, généralement l'excitent par leur présence.

Ces actes s'accomplissent contre l'habitude, sans motifs ni provocation.

Aboiement. — Timbre altéré : voix entrecoupée ; émise en deux temps, composés, l'un d'une note grave, l'autre d'une note aigüe, imitant le plus souvent l'aboiement du chien courant fatigué, enroué.

Signes des plus caractéristiques de la rage.

L'enragé n'aboie pas toujours et il peut avoir l'aboiement naturel.

Attitude. — Sur la moitié des enragés, elle est querelleuse, hardie.

L'animal se croit chez lui étant chez les autres. Il porte *la queue relevée ;* elle s'abaisse par la fatigue ou par la paralysie. Tantôt il est calme et ne bouge pas, tantôt il a un désir ardent de courir ; sa marche a des allures singulières, elle est celle d'un fou. Les sorties du logis sont provoquées par des manies bizarres, par les désirs génésiques presque toujours surexcitées dans cette funeste maladie ; il fait des absences dans la journée, il découche parfois. Dans quelques cas il ira au loin dans la campagne, mordant les hommes, les animaux sur son passage, jusqu'à ce qu'il tombe énervé ; expirant, il veut mordre encore !

Aptitudes. — Certains chiens de chasse se montrent

tout détraqués sur les pistes, ils broient dans quelques cas le chaume, les arbrisseaux, ils font des arrêts imaginaires ou bien ils courent et n'obéissent plus à leur maître ; d'autres, contre leur habitude, dévorent le gibier ou mordent si l'on s'approche trop pour les corriger. Cette imprudence a coûté la vie à plus d'un chasseur.

Si le chien, de paisible qu'il était, se montre querelleur avec ses compagnons de chasse, il faut s'en méfier, si surtout la lice ou l'os ne sont point les causes de son excitation.

Tenue du chenil. — On voit des chiens ronger tout à coup, sans cause connue, les attaches, le bois des niches, les plâtres des murs ; être impatients dans la loge, y changer souvent de place, fouiller, ramasser la litière, l'émietter, en avaler ; se jeter sur les barreaux, tantôt légèrement, tantôt assez énergiquement pour se briser les dents et les os de la mâchoire ; prendre et tirer avec fureur un bâton qu'on leur présente.

Plusieurs restent accroupis, tranquilles dans leur coin ; d'autres sont en arrêt fixe sur des objets imaginaires.

Fonctions digestives. — L'enragé, dès le début, peut prendre sa nourriture ordinaire ; il cherche le plus souvent à boire, mais si la gorge est paralysée, il laisse tomber les boissons au fur et à mesure qu'il les lape.

Les vomissements sont fréquents ; ils s'observent également sur des chiens affectés de maladies ordinaires et aussi sur ceux qui, étant bien portants, fouillent les ordures ; les vomissements sanguinolents sont plus suspects.

La salivation est un signe peu constant ; bien des enragés ont la bouche sèche, quelques-uns salivent. Ceux à gueule entr'ouverte sont d'ordinaire les baveux.

En somme, les signes fournis par les fonctions digestives éclairent peu le diagnostic de la rage. Le public leur accorde beaucoup trop d'importance ; il en est de même pour le port de la *queue*. Il est bien plus utile de fixer son attention sur les fonctions de relation.

La qualification de *Rage mue*, appliquée aux cas fréquents de convulsions avec salivation des jeunes chiens, est inexacte ; elle est nuisible, à cause de l'épouvante que des individus mordus par ces animaux ont éprouvée.

Durée de la rage.

Dans la dernière période apparaissent des phénomènes de paralysie. La mort a lieu fatalement dans une moyenne de huit jours. Au delà du quinzième jour, les chiens que des apparences ont fait soupçonner peuvent, sans danger, être mis en liberté.

Les enragés *à forme furieuse*, après une vive excitation paraissent calmes, mais ils sortent de cette situation s'ils sont provoqués ou s'ils sont troublés par les chimères qu'enfante leur délire. Ils finissent épuisés avec une expression sinistre.

Ceux *à forme tranquille, rage mue des auteurs*, qui entrent pour moitié dans nos observations, ont pour symptômes : la gueule entr'ouverte, baveuse, la langue pendante ou placée sur le bord de l'arcade dentaire, une expression du regard douce, triste, vague ; le globe de l'œil est le plus souvent dévié.

Leur physionomie anxieuse inspire la pitié !

En résumé, la rage s'accuse dès le début par une perturbation des facultés des sens : modifications dans les affections, les désirs, l'attitude, les aptitudes, l'expression, les habitudes.

Moyens préventifs.

La muselière permanente sur tous les sujets de la race canine. La cautérisation immédiate des morsures de toute espèce de chien. L'abattage des sujets de l'espèce canine qui ont été mordus, ou la séquestration pendant six mois de ceux qu'on tient à garder.

Le virus rabique inoculé à un chien peut ne causer des accidents qu'après un long délai : en moyenne, la rage apparaît dans les quarante jours qui suivent la morsure.

Les travaux sur la rage de MM. Renault, H. Bouley, Youatt, A. Sanson, Boudin, Vernois, Blatin, Roucher, Decroix, les discussions de l'Académie de médecine, éclairant le diagnostic de cette maladie, ont amené à cette conclusion : que le meilleur préservatif de la rage était la connaissance des signes qui la caractérisent dès son début et pendant sa marche.

Si vous observez un changement dans les habitudes de votre chien, isolez-le de toute communication avec les personnes et les animaux. Donnez-lui à distance ses aliments. Observez-le quelque temps, quinze jours environ, et vous éviterez bien des malheurs.

Un préservatif meilleur encore est l'émoussement de seize dents (12 incisives et 4 canines) qui par leurs pointes, remplissent l'office de lancettes inoculantes.

ÉMOUSSEMENT DES DENTS

II

Le meilleur préservatif de la rage est celui qui, sans contrainte, met le chien dans l'impossibilité de faire à l'homme ou aux animaux des morsures capables d'inoculer le virus rabique.

L'émoussement de 16 dents (12 incisives, 4 canines) atteint parfaitement ce but.

Nos expériences, commencées en 1862, portent sur trente chiens.

Quand les dents de remplacement sont bien sorties, on peut, à tout âge, désarmer le chien.

L'opération dure, en moyenne, 8 minutes. Elle ne cause aucun mouvement fébrile. L'opéré mange et boit comme avant. Les dents limées ne sont pas plus exposées à la carie que les dents intactes ; les lèvres les cachent constamment, sauf les cas d'agression ou de défense. La beauté du chien n'y perd rien.

En général, c'est un pincement brusque produit par les dents antérieures qui inocule la rage, en déchirant la peau, en faisant une morsure à sang.

Par l'émoussement ou la résection, on établit 16 couronnes au *lieu et place* de 16 pointes.

Effets de la résection des dents sur le caractère du chien.

Des chiens de chasse mordeurs ou ayant l'habitude de déchirer le gibier, se sont corrigés à la suite de l'émoussement des dents.

Le caractère de quelques chiens de garde très-méchants, dangereux, s'est adouci, et l'on a pu ainsi conserver des bêtes qu'il aurait fallu abattre.

Des terriers n'ont pas cessé de tuer les rats, après comme avant l'émoussement ; ils ont seulement perdu beaucoup de leur force pour tuer les chats ; ce qui est un bien. La même opération désarmerait les bull-dogues que certains individus ont la regrettable passion de livrer et d'exciter au combat.

Des chiens de salon ont été opérés aussi, sans donner lieu à aucun inconvénient.

Exceptions à la mesure.

Elles sont indiquées par la nature des services que rendent les chiens. Exemple : les chiens qui chassent la bête fauve, certains chiens de garde, bien que ces derniers arrêtent rarement avec leurs dents les malfaiteurs dans leurs ténébreuses entreprises et que leur aboiement soit plus utile que leurs défenses.

Inconvénients de l'émoussement.

Il altère les signes qui font connaître l'âge du chien ; mais il est toujours facile, par l'inspection extérieure, la fraîcheur, la couleur des dents, de classer les chiens en jeunes, adultes, ou vieux ; d'ailleurs leur valeur intrinsèque est peu élevée et l'usure naturelle de leurs dents est rarement régulière.

Il est vrai que le chien désarmé se défendra mal contre un chien dont toutes les dents seraient intactes. Mais les chiens ne se battent, en général, que dans les rues, et la prudence exige qu'on ne les laisse pas vagabonder.

Avantages de la mesure en faveur des chiens.

Le plus grand **acte** de protection qu'on puisse exercer en faveur de l'espèce canine est de la soustraire, sans application d'un musellement rigoureux, aux cas fréquents de rage ; en supprimant ce danger, juste motif qui éloigne le chien de l'intimité de la famille, on prévient l'arrêt de mort qui frappe un grand nombre de sujets mordus ou simplement roulés par l'enragé errant, mesure violente mais commandée par le premier de tous les intérêts, la sécurité publique.

Expériences sur les opérés.

Deux chiens enragés mis en contact avec quatre chiens, s'étant jetés sur eux avec ardeur, les ont mordus sans les entamer. Notre main gantée ayant été saisie par un des enragés n'a pas été déchirée, la morsure n'a produit qu'une forte pression.

Ces expériences répétées sur des chiens non enragés auxquels nous avons donné à mordre notre main nue, nous ont prouvé que la dent émoussée ne peut, malgré la contraction des muscles de la mâchoire, pénétrer nos tissus, ni ceux des animaux.

La nature, qui a créé le chien à l'état sauvage, l'a armé en conséquence ; l'homme qui s'en est fait un domestique et un ami doit se mettre en garde contre le préjudice que ses défenses sont susceptibles de lui causer, d'autant qu'il lui fournit lui-même des aliments de mastication facile.

Pratique de l'émoussement.

Deux hommes doivent seconder l'opérateur pour les chiens de forte taille ; pour les petits un seul aide suffit.

L'animal est assis sur une table ; un bâillon, s'appuyant sur les dents molaires et sur les commissures des lèvres, est fixé par un ruban derrière la nuque ; un autre ruban roulé autour du museau, en arrière du bâillon, fixe et immobilise les mâchoires.

Avec la lime on émousse les incisives ; avec les pinces à résection, droites ou courbes, on enlève les pointes des canines, des incisives un peu longues ; puis on les arrondit en couronne en les limant.

Les bâillons et les instruments sont proportionnés à la taille des animaux et ils sont réduits des deux tiers sur les dessins.

PARIS. — E. DE SOYE, IMPRIMEUR, PLACE DU PANTHÉON, 2.

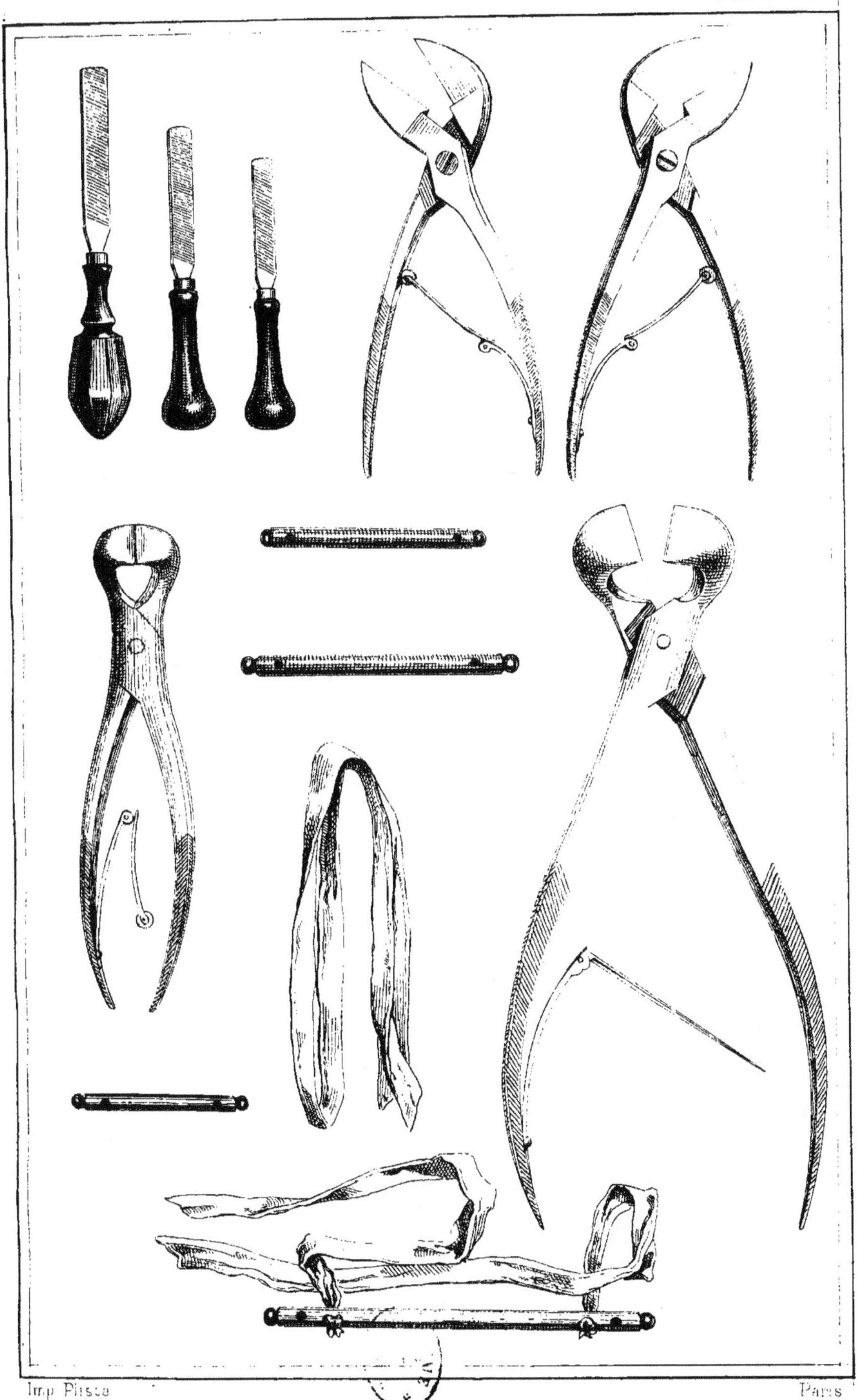

INSTRUMENTS

pour l'émoussement des incisives et des canines du chien.

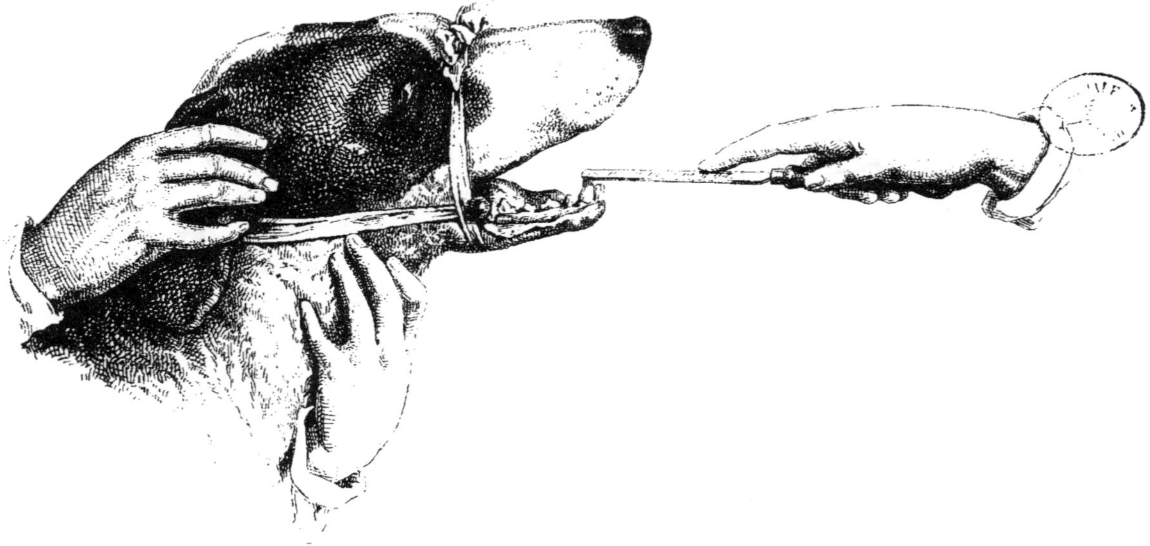

POSITION DU CHIEN POUR L'OPÉRATION

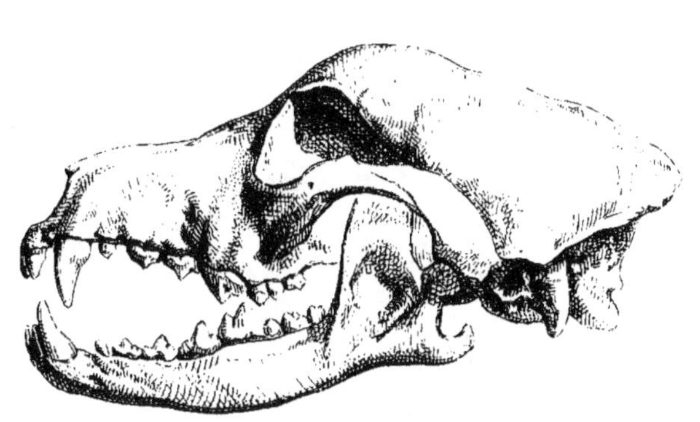

DENTS NATURELLES.

DENTS ÉMOUSSÉES DU CÔTÉ GAUCHE
Côté droit naturel.

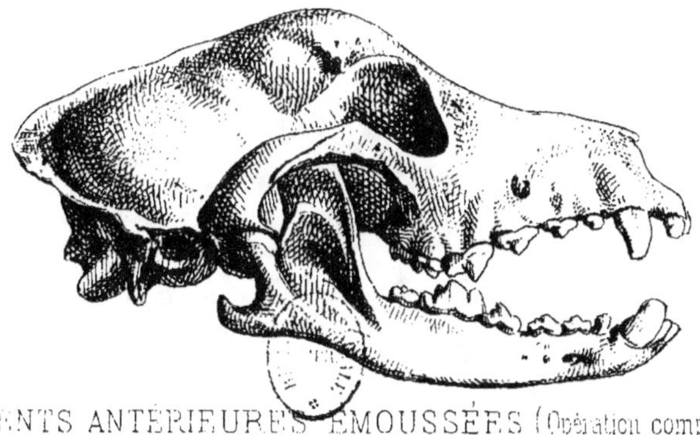

16 DENTS ANTÉRIEURES ÉMOUSSÉES (Opération complète)